Le petit guide de
l'hygiène et de la salubrité

Le petit guide de l'hygiène et de la salubrité

Par
Gaétan Lanthier

Dépôt légal — Bibliothèque et Archives nationales du Québec, 2018.
Dépôt légal — Bibliothèque et Archives Canada, 2018.

ISBN 978-2-9817267-1-1

Table des matières

Introduction

L'adage traditionnel dicte « dans les petits pots les meilleurs onguents ». C'est pourquoi j'ai choisi de mélanger plusieurs styles dans ce petit guide de l'hygiène et de la salubrité. C'est pour vous offrir le meilleur contenu possible.

Passant d'un style anecdotique à informatif, le lecteur retrouvera des listes télégraphiques pour consultations rapides, des textes concis et vulgarisés sur des sujets variés, des liens vers des applications, des sites web, des vidéos ou des fichiers à télécharger.

Oui, les codes QR sont encore à la mode cette année. Vous aurez donc besoin d'un téléphone intelligent pour accéder à ce contenu spécial.

Ce guide est idéal pour les travailleuses et les travailleurs du Québec et de la francophonie qui œuvrent avec passion et dévouement, de près ou de loin en entretien sanitaire. Il convient aussi à tout formateur dans le domaine ou à quiconque s'y intéresse.

Gaétan

7 éléments essentiels en hygiène et salubrité

On me demande souvent ce que ça prend pour rendre et garder un bâtiment propre et salubre. À cela je réponds invariablement ceci: « Robert, il faut une combinaison de 7 éléments essentiels en hygiène et salubrité. Je t'explique: »

Voici ce qu'il faut pour rendre et garder un bâtiment propre et salubre:

Systèmes de dilution facile d'utilisation

Pour éviter le glouglou et utiliser les produits nettoyants de manière optimale, il convient d'utiliser un système de dilution facile à utiliser et entretenir.

Les produits nettoyants doivent être concentré pour réduire le coût à l'utilisation et l'impact sur l'environnement des emballages.

Les produits nettoyants doivent effectuer l'ensemble des tâches requises de votre établissement et de préférence avec une certification environnementale telle l'Ecologo.

Systèmes de papier performants en combinaison avec des système de séchage

Les papiers doivent être performants soit de sources recyclées ou provenant de forêts gérées de façon responsable

Lorsque cela convient, la consommation de papier peut également être réduite par l'utilisation de séchoir à mains.

Tapis d'entrée adaptés

Une bonne longueur de tapis d'entrée adaptée à votre environnement peut retenir 85 % de la saleté à la porte de votre bâtiment.

Le trafic et le type d'environnement influencent grandement le choix d'un bon tapis.

Équipements

La mécanisation de l'entretien par des équipements fiables et robustes augmente la productivité, diminue la fatigue et améliore la qualité des prestations.

Cela signifie également moins de plaintes, moins d'absentéisme, plus de sourire!

Chariots d'entretien et outils de travail standardisés

Un chariot d'entretien c'est bien mais avec les bons outils de travail c'est mieux!

La standardisation des outils de travail facilite également la formation et la mobilité.

Devis d'entretien bien défini

Qui fait quoi où quand et surtout comment!

L'élaboration d'un devis d'entretien cohérent et responsable est maintenant possible grâce aux outils et méthodologies informatisés tels le logiciel Sanitek.

À partir d'un bon devis, les routes de travail peuvent être optimisée pour être les plus performantes.

Formation

La clé du succès d'un bâtiment propre revient à ceux et celles qui en font l'entretien au jour le jour.

Raison de plus pour assurer que leur connaissance des techniques de travail et de l'utilisation des outils et des équipements soit optimale!

À quelle fréquence dois-je nettoyer ceci?

Je développe des devis d'entretien pour mes clients et la question qui revient le plus souvent est la suivante: « À quelle fréquence dois-je nettoyer ceci? »

À quelle fréquence dois-je nettoyer ceci?

Voici une liste non-exhaustive de 16 surfaces à nettoyer régulièrement à la maison.

Item	Fréquence	Conseil
1. Téléphone cellulaire	Quotidienne	Essuyer avec un linge microfibre pour lunette pour enlever les corps gras et les germes.
2. Comptoir de cuisine	Quotidienne	Utiliser un nettoyant doux tout usage. En utilisant un nettoyant désinfectant, rincer la surface.

Item	Fréquence	Conseil
3. Lave-vaisselle	Mensuelle	Utiliser les capsules spécialement conçues ou un peu de bicarbonate de soude et de vinaigre et le tour est joué.
4. Réfrigérateur	Trimestrielle	Pour éviter l'apparition de moisissures et autres indésirables, vider et nettoyer les tablettes et les bacs.
5. Plancher de cuisine	Hebdomadaire	Donner un petit coup de balai après chaque repas et un bon vadrouillage humide à chaque semaine.
6. Tapis	Hebdomadaire	Bien aspirer les tapis à chaque semaine va même réduire les allergies.
7. Mobilier	Mensuelle	Aspirer les meubles en tissus et les nettoyer à la vapeur annuellement.
8. Télécommande ou manette	Hebdomadaire	En prenant soins de retirer les batteries, nettoyer en surface la télécommande en frottant les boutons et les interstices.

Item	Fréquence	Conseil
9. Ventilateurs de plafond	Trimestrielle	Avec un nettoyant tout usage, essuyer les lames. Ne pas oublier d'éteindre le ventilateur!
10. Stores de fenêtres	Trimestrielle	Dépoussiérer et nettoyer latte par latte avec de l'eau savonneuse et un linge doux.
11. Toilette	Quotidienne	Faire un brossage quotidien et un nettoyage en profondeur une fois par semaine.
12. Serviettes de bain	Après quelques utilisations	Après la douche ou le bain, suspendre pour sécher et utiliser à quelques reprises (3 ou 4 fois), laver à la machine. Note : Si vous avez des ados, ce truc risque fort de ne pas marcher!
13. Rideau de douche	Mensuelle	Vaporiser un nettoyant pour salle de bains et douches pour éliminer les résidus de savons et de calcaires accumulés.

Item	Fréquence	Conseil
14. Draps de lit	Hebdomadaire	Laver à l'eau chaude pour éliminer les bactéries et les acariens. Éviter de manger dans votre lit!
15. Matelas	Biannuelle	Aspirer le matelas 2 fois par année pour aspirer les cellules de peau morte et les acariens.
16. Filtre à air	Mensuelle	Changer les filtres à air à chaque mois ou selon les recommandations du manufacturier contribue à un environnement sain.

Le nettoyage à l'ère du numérique

Est-ce que l'hygiène et la salubrité sont maintenant à l'ère du numérique? Est-ce que les produits et services en entretien ménager seront toujours taxables? La réponse n'est pas si simple.

Source: SpaceX
Même sur Mars il faudra faire le ménage!

Le futur numérique est maintenant

Mon ami Jean avait l'habitude de dire que le métier de préposé à l'entretien est le 2e plus vieux métier du monde. Or, nous sommes en 2019 et pendant ce temps, Elon Musk compte lancer un nouveau vaisseau spatial 100 % réutilisable (la fusée et la navette) d'ici 2022 qui pourra à la fois aller en orbite, sur la Lune, sur Mars et même servir d'avion orbital pour connecter n'importe quelle ville de la Terre en moins de 30 minutes. Alors, que se passe-t-il en hygiène et salubrité?

Encore à l'ère analogique?

Voilà bien 30 ans, on voyait les premiers logiciels en hygiène et salubrité. Autrefois en « DOS » avec des interfaces en mode terminal et texte. On arrivera bientôt en mode SAAS, c'est-à-dire un logiciel en tant que service.

Pourquoi un logiciel d'hygiène et salubrité

Parce qu'un tel outil permet d'abord et avant tout:

- d'établir une équité entre les travailleurs;
- d'assurer un devis d'entretien détaillé des tâches à effectuer;
- de fournir les informations à une formation essentielle aux travailleurs;
- d'assurer un suivi précis de l'exécution et de la qualité des prestations de travail;
- d'optimiser les déplacements et par le fait même la productivité.

Serions-nous prêts à affronter une épidémie de peste bubonique?

Au Madagascar, le gouvernement a imposé en 2018 de nouvelles mesures d'urgence pour arrêter une épidémie de peste. On y a déclaré 24 morts en 1 mois.

Qu'est-ce que la peste?

La peste est une bactérie *Yersinia pestis*, présente chez les rongeurs comme les rats est souvent transmises aux humains par les puces infectées.

Selon Santé Canada :

La période d'incubation de la peste varie d'un à dix jours. Peu importe la forme, la maladie commence toujours par des symptômes qui s'apparentent à ceux de la grippe (fièvre, frissons, douleurs musculaires, faiblesses et maux de tête) et peut aussi entraîner des nausées, des vomissements, la diarrhée et des douleurs abdominales.

Si non traitée, le taux de mortalité peut atteindre 50 %.

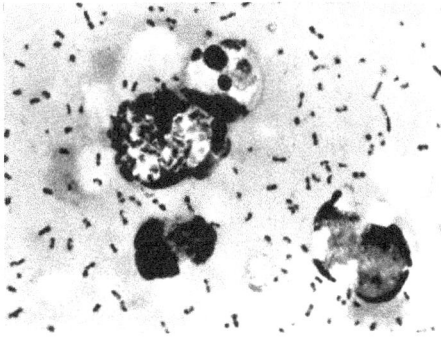

Désinfections des surfaces

Toujours selon Santé Canada, en cas de déversement ou de surfaces contaminées :

Laisser retomber les aérosols; endosser des vêtements protecteurs, couvrir soigneusement la substance déversée avec des serviettes de papier et appliquer de l'hypochlorite de sodium à 1 %, de la périphérie vers le centre; laisser agir pendant une période suffisante (30 minutes) avant de procéder au nettoyage.

La peste est sensible à de nombreux type de désinfectants de surface tels :

- Hypochlorite de sodium à 1 %;
- Éthanol à 70 %;
- Glutaraldéhyde à 2 %;
- Iode, composés phénoliques;
- Formaldéhyde.

Fiche technique santé-sécurité : agents pathogènes, et évaluation des risques

Vous faites face à une bactérie, un virus ou un autre agent pathogène et vous voulez en savoir davantage? Santé Canada a lancé une application et un site web (visités le 7 septembre 2018).

Application iOS

Site web

Dernier cas de peste recensé au Canada

Les cas de peste chez les humains sont très rares au Canada; le dernier cas a été signalé en 1939. On peut dormir tranquille, je pense.

Registre d'inspection d'une salle de toilettes

Avoir une salle de bain propre est une préoccupation très actuelle… mais saviez-vous que c'est parfois l'endroit le plus propre au bureau ou à l'école? C'est qu'on nettoie cette pièce plus souvent que les tables ou les claviers, pourtant eux aussi salis et contaminés des suites de nos manipulations quotidiennes!

Registre d'inspection d'une salle de toilettes

Un registre d'inspection d'une salle de toilettes 100 % gratuit! Gardez vos toilettes propres et rassurez vos usagers et votre clientèle! Téléchargez ce fichier gratuitement :

Lalema

Registre d'inspection d'une salle de toilettes

Local: _____

Semaine du _____ au _____

Heure	Lundi	Mardi	Mercredi	Jeudi	Vendredi
8:00					
8:30					
9:00					
9:30					
10:30					
11:00					
11:30					
12:00					
12:30					
13:00					
13:30					
14:00					
14:30					
15:00					
15:30					
16:00					
16:30					
17:00					
17:30					

Le petit guide de l'hygiène et de la salubrité

Hygiène intelligente : faites briller vos actions

Assurer un devis
d'entretien detaille des
taches a effectuer

Utiliser des produits verts
et des équipements
efficaces

Optimiser les
deplacements et par le
fait meme la productivité

Assurer un suivi précis
de l'execution et de la
qualité des prestations
de travail

Donner la formation
essentielle aux travailleurs

Etablir une équité entre
les travailleurs

Je vous le présente sous la forme d'une liste mais vous pouvez visionner la vidéo complète ici :

Devis d'entretien précis

Par vocation d'espaces, votre devis devra inclure toutes les tâches d'entretien sanitaire.

Produits verts et équipements efficaces

Ça ne veut pas dire tomber malade! C'est d'opter pour des produits écoresponsables pour :

- Les bienfaits à l'environnement;

- La santé des employés;
- La baisse d'absentéisme;
- La baisse d'accidents.

Le plan vert

Consommables
- Produits nettoyants et désinfectants;
- Papiers;
- Sacs;
- Savons à mains.

Équipements et outils
- Consommation électrique;
- Performance;
- Bruit;
- Provenance.

Certifications
- Ul Ecologo;
- Green Seal.

Facteurs de performance
- Efficacité;
- Aide au travail;
- Concentration (dilution);
- Emballage;
- Service valeur ajoutée;
- Gestion des matières résiduelles;
- Choix des revêtements de sol et des matériaux de construction;
- Vétusté;

- Tapis d'entrée;
- Formation;
- Motivation et valorisation des employés.

Un métier toujours en mouvement

- Marcher d'un local à l'autre;
- Aller changer d'eau;
- Attendre l'ascenseur;
- Attendre l'ascenseur;
- Monter des escaliers;
- Descendre des escaliers;
- Arroser les plantes (!?!);
- Pauses bien méritées.

Facteurs à optimiser

- Répartir les secteurs physiques en fonction de la charge et non du simple mètre carré;
- Choisir un cadre horaire optimal;
- Favoriser le travail à l'espace.

Les 5 secrets du lavage de mains

5 secrets du lavage de mains

Les bienfaits   La méthode   Les champions

Les ingrédients   Les indésirables

En fait, c'est tellement important et ça demeure une problématique telle que vous devriez non seulement lire ceci mais aussi visionner cet autre webinaire et inviter tous vos collègues, parents et amis! Merci à Matthieu Fillion pour sa participation à ce chapitre.

Les bienfaits

Protection
La façon la plus efficace de se protéger contre les maladies infectieuses comme la grippe (influenza) ou le rhume.

Prévention
Prévenir la transmission de maladies infectieuses par contact direct:

- Entre individus;
- Des surfaces;
- Des aliments.

Réduction du risque

Se laver les mains :

- Après avoir toussé, éternué ou utilisé un papier-mouchoir;
- Avant et après les repas;
- Avant de préparer les aliments;
- Après avoir manipulé de la viande crue;
- Après avoir touché un animal;
- En arrivant à la maison;
- Après être allé aux toilettes sans exception!

Favoriser les accessoires sans contact pour :

- Chasses d'eau;
- Robinets;
- Distributeurs à papier;
- Séchoirs à mains.

La méthode

Technique de base

Les champions

Au Canada, près d'une personne sur 4 ne se lave pas systématiquement les mains après être allé aux toilettes. Dans une expérience vécue dans un hôpital de la région de Montréal, sur 20 personnes qui sont arrivées par l'entrée principale, AUCUNE n'a utilisé le gel antiseptique malgré l'énorme signe.

Les Canadiens au 31e rang mondial

Dans plusieurs pays industrialisés, les conditions d'hygiène « globalement meilleures » font que les habitants se sentent potentiellement moins exposés au risque sanitaire.

Qui devraient se laver les mains?

- Le personnel;
- Les visiteurs;

- Les employés;
- Les clients;
- Les usagers;
- Les patients;
- Les étudiants;
- …

Autre exemple tiré du *Journal of the American Medical Association (JAMA) Internal Medicine* :

Sur les mains de 357 patients lors de leur transfert d'un service de soins aigus à un service de soins, pas moins de 24 % des patients étaient positives pour au moins une bactérie multirésistante. Ils étaient 13,7 % à présenter une colonisation des mains par un entérocoque résistant à la vancomycine (ERV), 10,9 % par un staphylocoque doré.

Les ingrédients

Surfactants

- Agents tensioactifs;
- Composés organiques amphiphiles;
- Adsorption aux interfaces air/eau et eau/huile;
- Assurance le nettoyage des saletés;
- Génération de la mousse.

Modificateurs de la rhéologie

- Augmentation de la viscosité (polymères et électrolytes).

Émollients

- Préservation de l'hydratation de la peau;
- Effet de douceur.

Aspect esthétique et propriétés physicochimiques

- Couleur;

- Fragrance;
- Opacité;
- Aspect perlé (copolymère de styrène ou acrylate).

Propriétés physicochimiques
- Correcteur de pH.

Agents de conservation
- Retrouvés dans les produits d'hygiène et cosmétiques;
- Prévention ou inhibition la croissance bactérienne (pH neutre, T° pièce);
- Teneur en eau du produit est un facteur important;
- Augmentation de la durée de vie du produit.

Les indésirables

Méthylisothiazolinone-Méthylchloroisothiazolinone
- Allergène (réactions cutanées sévères);
- Santé Canada (SC) prévoit l'interdire (consultation publique en cours);
- Concentration maximale: 0.01 % (SC).

Triclosan
- Perturbateur endocrinien ;
- Banni par la Food and Drug Administration (FDA) et l'Union européenne;
- Concentration maximale: 0.3 % (SC).

Parabènes (méthyl parabène, propyl parabène, butyl parabène, etc.)
- Perturbateur endocrinien;
- Étude controversée (2004);
- Concentration: 0.3 %.

Connaissez-vous l'état de santé de votre service d'hygiène et salubrité?

Voici un auto-diagnostique très simple et pratique pour connaître l'état de santé de votre service d'hygiène et salubrité.

État de santé de votre service d'hygiène et salubrité

Répondez en fonction de votre service d'entretien ménager ou d'hygiène et salubrité. Il n'y a pas de mauvaises réponses.

Pourquoi devriez-vous faire ce diagnostic?

Parce que ça vous permet de savoir où vous en êtes et de prendre les actions qui s'imposent pour améliorer la qualité de l'environnement dans lequel vos usagers évoluent. Et ça, c'est important! Conséquence: le nombre de plaintes devraient diminuer, la propreté de lieux augmenter, la santé du personnel et des usagers devrait aussi être améliorée.

Auto-diagnostique sur l'état de santé du département de salubrité

Devis d'entretien ménager						
	Pas du tout	Un peu	Ok	Très	Quasi-perfection	Sans objet
Complet						
À jour						
Bien communiqué aux usagers						
Bien communiqué au personnel d'entretien						

Routes de travail						
	Pas du tout	Un peu	Ok	Très	Quasi-perfection	Sans objet
Équilibrées						
À jour						
Documentées						
Visuelles (avec plans)						

État général des lieux						
	Décevant	Acceptable	Bien	Très bien	Quasi-perfection	Sans objet
Salles de toilettes						
Salles de travail et de réunion						
Bureaux						
Espaces de soins (chambres, salles d'examens, postes, urgences, salle d'opération, etc.)						
Classes, laboratoires, gymnases						
Espaces communs (corridors, escaliers, hall, agora, etc.)						

État des connaissances du personnel						
	Déficient	Faible	Acceptable	Bien	Très bien	Sans objet
SIMDUT 2015						
Techniques de travail de base (dépoussiérage, salles de toilettes, lavage des sols)						
Techniques de travail avancées (entretien des sols)						
Utilisation des équipement (autolaveuses, polisseuses, décapeuses, extracteur, aspirateurs sec-humide, aspirateurs dorsaux, etc.)						
Ergonomie et sécurité au travail						

État des connaissances du personnel						
	Déficient	Faible	Acceptable	Bien	Très bien	Sans objet
Techniques de désinfection						
Techniques de lavages de mains						
Gestion des déchets						
Lignes directrices en hygiène et salubrité						

Logiciel d'hygiène et salubrité						
	Pas du tout	Un peu	Ok	Très	Quasi-perfection	Sans objet
Facile d'utilisation						
Peu dispendieux						
Support et service						
Temps standards						
Organisation du travail régulière						
Organisation travaux périodiques						
Organisation en temps réel						

Le petit guide de l'hygiène et de la salubrité

Les lave-vitres du futur

Collaboration spéciale de Sara Lafond.

L'arrivée des gratte-ciels

Avec le début des édifices gratte-ciels, dans les années 1880, il fallait trouver des nouveaux moyens pour atteindre toutes les fenêtres. L'invention des gratte-ciels à favoriser le développement d'un nouveau métier: le laveur de vitres. Ce métier a changé énormément au cours des années, avec des développements technologiques et des nouveaux produits pour nettoyer.

Par exemple, au début, un laveur de vitres se mettait en dehors de la fenêtre, et se tenait sur le rebord de l'édifice. Wow! Plus tard, on a développé des mesures plus sécuritaires, comme une plate-forme avec des ceintures de sécurité. Cela a permis non seulement plus de sécurité pour les travailleurs, mais aussi un nettoyage de fenêtres plus efficace.

L'arrivée des robots lave-vitres

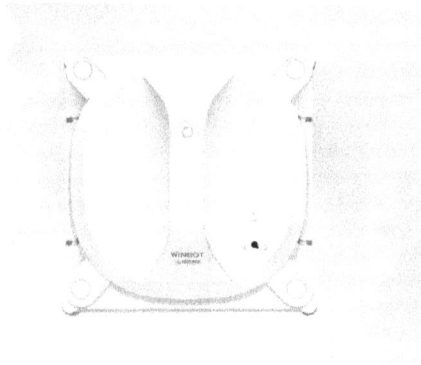

Aujourd'hui, avec les avancements technologiques, le métier de laveur de vitres pourrait être de moins en moins nécessaire. Des robots arrivent sur le marché pour rendre certaines tâches plus faciles, compris le nettoyage des vitres. On peut donc s'attendre à plus ou moins long terme à une révolution dans la façon de nettoyer les vitres des gratte-ciels.

Devis d'entretien : 5 règles d'or

Bonjour à toi! On t'a demandé récemment d'expliquer à la haute direction comment est fait le ménage dans le bâtiment dont tu as la charge. Heureusement, ton prédécesseur avait fait le travail t'as t'on dit! Catastrophe, le logiciel n'a pas été mis à jour depuis plusieurs années! Voici 5 règles d'or et un nouvel outil gratuit pour t'aider.

5 règles d'or pour faire un bon devis d'entretien

1. Tes espaces, tu mesureras.

2. Tes espaces, tu classifieras.

3. Tes fréquences d'entretien, tu établiras.

4. Tes produits, tu optimiseras.

5. Tes routes de travail, tu équilibreras.

6. (bonus) Ta qualité, tu mesureras.

La mesure des espaces

Il est essentiel de savoir la mesure (en mètres carrés) de chaque espace à nettoyer. Pour ce faire, tu peux utiliser généralement les plans AUTOCAD ou tu peux mesurer chaque pièce avec un mesureur au laser.

Profites-en pour valider et faire corriger les plans et t'assurer que l'identification des locaux (sur les portes) correspond également aux plans.

La classification des espaces

Tu vas regrouper les espaces par vocation comme par exemple les toilette, les bureaux, les corridors, les espaliers, etc. Note le revêtement de sol selon trois groupes :

- Revêtements de tapis;
- Revêtements qui requièrent un polissage régulier et du récurage ou du décapage périodiquement avec l'application d'un fini à plancher;
- Revêtements qui requièrent un brossage ou un récurage périodiquement sans application de fini à plancher.

La fréquence de nettoyage

Par vocation d'espace, une fréquence d'entretien est établie par tâche. C'est le moment d'identifier quelles sont ces tâches. Classe-les dans quatre catégories:

- Régulière (entre 1 à 7 fois par semaine);
- Appoint (plusieurs fois par jour);

- Mensuelle (entre 1 à 4 fois par mois);
- Périodique (entre 1 à 6 fois par année).

Le choix des produits

Pour faciliter la formation, réduire les erreurs et les ruptures de stocks, uniformiser les méthodes de travail et la qualité des résultats, optimise le choix des produits nettoyant et équipe ton personnel avec des équipements fiables et robustes en quantité suffisante.

L'équilibre des routes de travail

Tu dois estimer la difficulté des tâches à accomplir par vocation des espaces et des superficies. De cette manière, tu présentes des routes de niveau équivalent.

La mesure de la qualité

Tu vas implanter un système d'évaluation de la qualité. Ces mesures statistiques t'aideront à identifier les lacunes et à mettre en œuvre des mesures correctives sur des bases solides. Formulaires Excel, mesures ATP, lampes UV; les méthodes ne manquent pas. Choisi celle qui te convient ou une combinaison de méthodes, c'est encore mieux!

Tout le monde est gagnant

Ta direction comprend mieux ton travail. Tes employés sont rassurés, mieux formés et sont mieux alignés. Ta clientèle ou tes usagers sont plus heureux. Tu reçois moins de plaintes. Tu peux prendre un petit repos (pas trop long).

14 qualités essentielles pour un professionnel de l'entretien

Dans toute entreprise ou institution, l'environnement du milieu conjugué à une bonne qualité d'entretien sanitaire, sont des éléments essentiels afin de maintenir constant le professionnalisme qui doit s'y dégager. Pour y arriver, le professionnel de l'entretien doit miser sur des qualités bien précises.

Cet énoncé étant aussi un principe élémentaire relativement à la qualité de vie au travail, celui-ci fait donc également état de l'importance et de la responsabilité des gens œuvrant dans le milieu de l'entretien sanitaire.

Le préposé à l'hygiène et salubrité, le concierge ou le salubriste doit avant tout avoir les bonnes aptitudes mais surtout la bonne attitude! Voici 14 attitudes et aptitudes gagnantes pour un préposé en hygiène et salubrité :

14 qualités essentielles pour un professionnel de l'entretien

1. Dextérité manuelle

2. Bon sens de l'observation

3. Bon sens des responsabilités

4. Habilité à subir la pression

5. Jugement efficace

6. Rationnel dans l'orientation des activités

7. Initiative face à ses tâches

8. Méthodique

9. Minutieux dans l'exécution de ses tâches

10. Poli avec les gens du milieu

11. Sociable avec les gens du milieu

12. Apparence propre et soignée

13. Bon esprit de communication

14. Fierté d'exécuter ce métier

Pourquoi le recyclage est-il important?

Voici un format texte le contenu de mon webinaire sur l'importance du recyclage.

- 5 faits remarquables sur le recyclage;
- Classement des déchets;
- Cadre législatif des déchets au Québec;
- 3RV-E;
- Moratoire de la Chine;
- D'abord recycler.

Visionner ce webinaire en suivant ce lien :

5 faits remarquables sur le recyclage

- 95 % des ménages canadiens ont accès à des programmes de recyclage.
- Le Canada utilise 6 millions de tonnes de papier et de carton par année mais seulement 25 % est recyclé.

- La première bouteille de poly(téréphtalate d'éthylène) ou PET a été recyclée en 1977.
- Le verre est recyclable à 100 % et peut-être recyclé encore et encore.
- Fabriquer de produits faits d'aluminium recyclé requiert 95 % moins d'énergie.

Classement des déchets

- Déchets généraux
  - Ordures non recyclables sans potentiel de réemploi ou de valorisation
- Déchets biomédicaux
  - déchets anatomiques humains
  - déchets anatomiques animaux
  - déchets non anatomiques
    - objets piquants, tranchants ou cassables qui ont été en contact avec du sang, un liquide ou un tissu biologique
    - tissus biologiques, les cultures cellulaires, les cultures de micro-organismes
    - vaccins de souche vivante
    - contenants de sang et le matériel imbibé de sang, etc.
- Déchets pharmaceutiques
  - déchets pharmaceutiques dangereux
    - résidus de médicaments
    - médicaments périmés toxiques
    - médicaments périmés cytotoxiques
  - déchets pharmaceutiques non dangereux
    - autres résidus de médicaments
  - médicaments périmés non dangereux
- Déchets chimiques

- substances chimiques provenant de laboratoires
- réactifs de laboratoire
- solvants de laboratoire
- contenants pressurisés
- Déchets radioactifs
  - résidus contenant des isotopes radioactifs supérieures aux normes
  - seringues, réacteurs, cylindres de plomb (médecine nucléaire)
- Déchets électroniques ou avec métaux lourds
  - matériel informatique
    - ordinateurs
    - écrans
  - téléphones cellulaires
  - piles
  - objets contenant du mercure
    - thermomètres
    - ampoules fluorescentes ou fluocompactes
- Déchets recyclables
  - papier
  - carton
  - plastique
  - verre
  - métal
  - résidus alimentaires et compostables
  - déchets organiques
  - débris de construction
    - brique
    - béton
    - panneaux de gypse non peint
    - métal
    - bois

Cadre législatif au Québec

- Loi sur la qualité de l'environnement (chapitre Q-2);
- Règlement sur l'enfouissement et l'incinération des matières résiduelles (c. Q-2, r. 19);
- Règlement sur la santé et la sécurité du travail (chapitre S-2.1,r. 13);
- Code de sécurité pour les travaux de construction (chapitre S-2.1,r. 4);
- Règlement sur les déchets biomédicaux (c. Q-2, r. 12)
- Code de la sécurité routière (chapitre C-24.2);
- Règlement sur le transport des matières dangereuses (c. C-24.2, r. 43);
- Règlement sur les matières dangereuses (c. Q-2, r. 32)
- Règlement sur la récupération et la valorisation de produits par les entreprises (c. Q-2, r. 40.1);
- Code de sécurité pour les travaux de construction – amiante (chapitre S-2.1, r. 4);
- Loi sur la sûreté et la réglementation nucléaires (L.C. 1997, ch. 9);
- Règlement général sur la sûreté et la réglementation nucléaires (DORS/2000-202);
- Règlement sur la radioprotection (DORS/2000-203);
- Règlement sur l'emballage et le transport des substances nucléaires (DORS/2000-208);
- Règlement sur les substances nucléaires et les appareils à rayonnement (DORS/2000-207).

3RV-E

Réduction
Principe fondamental de gestion pour diminuer la quantité de biens consommés, ce qui diminue la quantité de ressources naturelles consommées.

Réemploi

Donner une deuxième vie aux objets et d'utiliser ce que les autres n'ont pas plus besoin.

Recyclage

Transformer une matière résiduelle dans une matière première pour la fabrication d'un nouveau produit.

Valorisation

Donner une deuxième vie aux produits mais de différente façon, généralement cela se fait par la voie biologique comme par exemple le compost ou par voie énergétique comme les biocarburants.

Élimination

Lorsque tous les efforts ont été mis dans les 3RV et que l'on doive disposés des déchets.

Moratoire de la chine 2018

- Interdiction d'importation de matériaux recyclables de « moindre qualité ».
- Au Québec, 60 % des matériaux recyclables allaient en Chine (300 000 tonnes par an).
- Opportunité pour les entreprises canadiennes de développer les méthodes de tri et de valorisation localement.
- Devoir civique d'assurer de mieux trier à la source.

D'abord recycler

- Le recyclage intelligent;
- Caractérisation des déchets;

- Dépôt individuel et collectif :
  - Poubelles, bac, multi-flux;
  - Emplacements;
  - Fréquences;
  - Nettoyage et entretien;
- Adaptation des routes de travail :
  - Adaptation du matériel (chariots de concierge, poubelles, chariot de transport);
  - Évaluation de la charge;
- Dépôts extérieurs;
- Cueillette par fournisseur :
  - Coût et valorisation.

Vivez la réalité virtuelle en hygiène et salubrité

La réalité virtuelle et la réalité augmentée figurent parmi les technologies qui bouleversent de nombreux secteurs d'activité. Les revenus en 2017 étaient de l'ordre de 25 milliards en dollars US et pourraient atteindre plus de 600 milliards de dollars US d'ici 2025. L'hygiène, la salubrité et la prévention des infections ne seront pas laissées pour compte dans cette révolution technologique.

Chambre de soins dans la réalité virtuelle

J'ai eu le plaisir de présenter notre première démo d'une chambre d'hôpital à l'Expo-Lalema et au colloque annuel de l'AHSS les 24 et 31 mai 2018. Expérience enrichissante et excitante pour les uns ou effrayante et troublante pour d'autres.

En effet, certains participants ont vraiment, pardonnez-moi l'expression, « tripper ben raide! » alors que d'autres ont carrément refusés d'essayer. Il faut dire que les médias parlent beaucoup des problèmes de nausées éprouvées par certains utilisateurs alors ça créé nécessairement un frein. Toujours est-il que parmi les chanceux (quelques dizaines de personnes) qui l'ont essayé, seulement 1 personne m'a affirmé avoir été légèrement étourdie après coup.

La démo que l'on a préparée consiste en une chambre de soins à 4 lits avec une toilette privée. La chambre est meublée de 4 lits d'hôpital, 4 tables de chevets et 4 tables de lit. Un lavabo est situé près de la porte et la salle de toilette de chambre comprend une cuvette et une douche. Deux magnifiques téléviseurs ornent les murs et une large fenêtre offre une vue spectaculaire sur Montréal comme si on était situé au sommet du Mont-Royal!

Approche prospectiviste

Imaginons un peu un salubriste muni de lunette à la fois protectrice contre les éclaboussures mais surtout muni d'un écran de réalité augmenté lui permettant de connaître les zones à potentiels élevés de contamination, les surfaces qui n'ont pas été nettoyés depuis plus de 24 heures, etc.

La technique de travail lui est projetée directement devant les yeux et il pourrait simplement en claquant des doigts (littéralement) avisé son superviseur d'une problématique ou l'informer qu'il a terminé de nettoyer la chambre!

Le superviseur, à distance, pourrait enfiler un casque et faire une démonstration de comment déplacer un meuble ou utiliser une machine rotative pour polir un plancher par exemple.

Tout cela est techniquement possible avec les technologies de réalités augmentées.

Comment bien préparer une formation en milieu de travail

Pourquoi former son personnel

La formation offre plusieurs avantages:

- Augmentation de la polyvalence;
- Amélioration des connaissances;
- Réduction des erreurs, des temps d'arrêt, etc.
- Transfert des compétences qualifiantes.

Bonnes habitudes

Il faut développer des bonnes pratiques quand on prépare une formation pour assurer l'acquisition et la transmission et des connaissances.

- Soyez proactif en prenant connaissance des éléments de base comme par exemple l'horaire, les absences, l'environnement de travail dans lequel vous allez former.
- Ayez une vision pour définir des objectifs clairs et atteignables.
- Priorisez toujours les actions importantes avant qu'elles ne deviennent urgentes (à moins d'être pompier).

- Ayez une attitude de gagnant-gagnant. Faites participer les employés jusqu'à l'élaboration du plan de cours s'il le faut.
- Cherchez à comprendre, puis à être compris. Ça fonctionne, c'est promis!
- Visez la synergie entre les actions et les parties prenantes.
- Pratiquez-vous. On n'a jamais fini d'apprendre.

Les clés d'une formation réussie

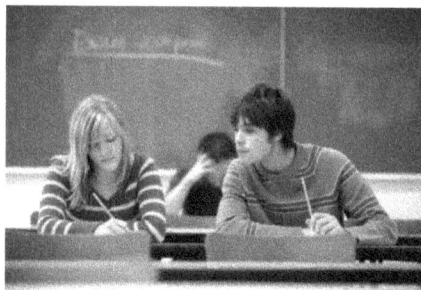

- Rédaction d'un plan de formation percutent;
- Arrivée à l'avance, démarrage à l'heure et respect de l'horaire de pauses et repas;
- Débit posée, dynamique;
- Présentation claire, épurée. De grâce, romans à éviter. 1 idée par diapositive;
- Validation de la compréhension à de courts intervalles (aux 20 minutes maximum);
- Exercices pratiques, les présentations magistrales c'est bien mais ça a clairement ses limites;
- Évaluation des connaissances par des quiz verbaux ou écrits, en équipe ou individuellement;
- Attestation de la formation sous forme d'un petit diplôme ou mieux en format « carte d'affaires ».

Préparez-vous pour l'hiver

Comme le dit l'expression désormais consacrée « L'hiver s'en vient », il convient de se préparer pour l'hiver. Voici un dernier webinaire :

Comment se préparer

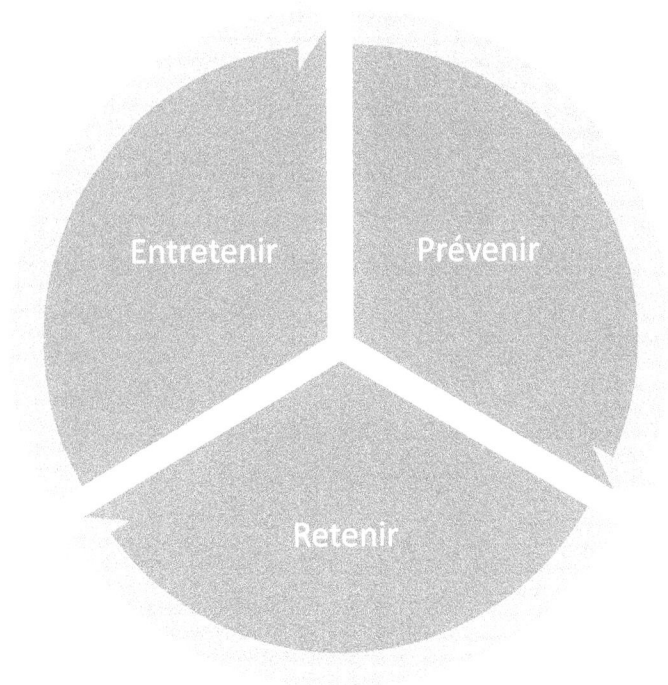

Prévenir

Un bon fondant à glace écologique
- Enlever la neige;
- Appliquer une couche égale;
- Ne pas surutiliser;
- Éviter de mettre sur les plantes;
- Enlever les excédents;
- Caractéristiques recherchées :
  - Efficace jusqu'à -23 °C;
  - Effet minime sur le béton en bon état;
  - Action rapide.

Précaution!
- Sel de table (NaCl) :
  - Moins cher;
  - Action plus lente;
  - Pas aussi efficace (jusqu'à -10 °C);
- Effet modéré sur le béton en bon état;
- Utilisons le sel de table pour les frites et la soupe!

Retenir

Un bon système de tapis d'entrée
- 80% de la saleté reste à l'entrée;
- 3 étapes :
  - Gratte-pieds :
    - Rétention des gros débris;
    - Grattage « agressif »;
    - Absorption négligeable de l'eau;
    - Entretien facile;
  - Essuie-pieds + Gratte-pieds :
    - Rétention des débris;

- Surface irrégulière;
- Grattage et essuyage;
- Absorption modérée de l'eau;
  - Essuie-pieds :
    - Rôle majeur pour l'absorption de l'eau et de la poussière fine;
    - Réduction du risque de chute;
    - Possible microfibre;
- Pour bien choisir son système de tapis :
  - Nombre de passants quotidiens :
    - Moins de 500;
    - Jusqu'à 1500;
    - Plus de 1500;
  - Débris dans votre environnement :
    - Eau;
    - Neige;
    - Cailloux;
    - Poussière;
  - Dimensions des tapis :
    - Largeur;
    - Longueur;
- En cours de certification LEED?
  - L'utilisation de carpettes d'entrée est reconnue par le Conseil du bâtiment durable du Canada.
  - Certains tapis d'entrée peuvent vous aider à obtenir jusqu'à 2 crédits LEED!

Un lave-botte avec ça?

- Pour l'élimination de :
  - Saleté;
  - Feuilles;
  - Sable;
  - Neige;
  - Roches;
- Réduction des coûts d'entretien.

Entretenir

Système de dilution performant

- Neutre pour ne pas affecter le fini à plancher;
- Enlève-calcium;
- Autolaveuse;
- Vadrouillage à plat;
- Sur les tapis:
  - Aspiration ;
  - Extraction;
- Entretien Régulier :
  - Aspirateur sec-humide pour l'entretien quotidien et hebdomadaire;
- Entretien Périodique :
  - Extracteur à tapis pour l'entretien au 1 ou 2 fois durant l'hiver et pour l'entretien avant le remisage au printemps.

Conclusion

Ainsi s'achève ce guide hétéroclite. Près de 5 400 mots pour vous convaincre de l'importance et de la pérennité de ce domaine d'activités qu'est l'hygiène et la salubrité.

L'avenir n'a pas fini de nous surprendre et il y aura toujours de nouvelles avancées scientifiques et technologiques pour transformer ce métier vieux comme le monde.

Alors je vous le demande sincèrement : restez à l'affut des nouvelles façons de faire, apprenez, essayez, explorer, découvrez, testez, recommencez!

La propreté de nos environnements est importante pour tous. Si certains l'oublient, assurons-nous qu'ils s'en rappellent, offrez-leur ce petit guide!

Merci.

Références

1. blog.lalema.com/7-elements-essentiels-en-hygiene-et-salubrite/
2. blog.lalema.com/a-frequence-dois-nettoyer-ceci/
3. blog.lalema.com/le-nettoyage-a-lere-du-numerique/
4. blog.lalema.com/serions-prets-a-affronter-epidemie-de-peste-bubonique/
5. blog.lalema.com/registre-dinspection-dune-salle-de-toilettes/
6. blog.lalema.com/hygiene-intelligente/
7. blog.lalema.com/invitation-webinaire-gratuit-5-secrets-lavage-de-mains/
8. blog.lalema.com/connaissez-vous-letat-de-sante-de-votre-service-dhygiene-et-salubrite/
9. blog.lalema.com/lave-vitres-du-futur/
10. blog.lalema.com/devis-dentretien-5-regles-dor/
11. blog.lalema.com/14-qualites-essentielles-professionnel-de-lentretien/
12. blog.lalema.com/pourquoi-le-recyclage-est-il-important-webinaire/
13. blog.lalema.com/realite-virtuelle-hygiene-salubrite/
14. blog.lalema.com/comment-bien-preparer-une-formation-en-milieu-de-travail/
15. blog.lalema.com/preparez-vous-pour-lhiver/

www.ingramcontent.com/pod-product-compliance
Lightning Source LLC
Chambersburg PA
CBHW021609210326
41599CB00010B/682